Terkuma Iortyom
Stanislas Abana

Avaliação das propriedades físico-químicas do sumo de fruta sem álcool

Terkuma Iortyom
Stanislas Abana

Avaliação das propriedades físico-químicas do sumo de fruta sem álcool

Bix, Condutividade eléctrica, Índice de refração, TDS, pH e Gravidade específica como parâmetros de controlo de qualidade em sumos de fruta

ScienciaScripts

Imprint

Cover image: www.ingimage.com

This book is a translation from the original published under ISBN 978-620-2-05772-1.

Publisher:
Sciencia Scripts
is a trademark of
Dodo Books Indian Ocean Ltd. and OmniScriptum S.R.L publishing group

120 High Road, East Finchley, London, N2 9ED, United Kingdom
Str. Armeneasca 28/1, office 1, Chisinau MD-2012, Republic of Moldova, Europe
Printed at: see last page
ISBN: 978-620-7-80395-8

DEDICAÇÃO

Este livro é altamente dedicado a Deus Todo-Poderoso.

RECONHECIMENTO

Antes de mais, gostaria de exprimir a minha profunda gratidão a Deus Todo-Poderoso que, na sua incomensurável misericórdia, me manteve bem sucedido ao longo deste programa.

Numa nota muito especial, gostaria de expressar o meu sincero agradecimento à minha supervisora, a Sra. Ageda, V.I., pelos seus esforços incansáveis para que este trabalho atingisse um nível aceitável, apesar do seu horário apertado.

Além disso, com profunda humildade e honra, agradeço ao meu Chefe de Departamento, Dr. Akombor Ande Akombor, por me encorajar de tempos a tempos. O meu profundo agradecimento vai para o meu mentor e professor, Sr. Abana, N.S. Este trabalho não poderia ter sido escrito sem a ajuda, o apoio e o encorajamento dos meus professores, do pessoal do departamento de Ciências Físicas e de muitos outros. Por isso, agradeço-vos: Dr. Tovenda A.A., Dr. Gundu (Professor Associado), Dr. Gbaoron, F., Dr. Ikyo, B., Prof. Aiyohuyin, E.O., Sr. Ugbeji G.E., Sr. Amere M.I. (o meu competente Tecnólogo-Chefe e mentor no Laboratório), Bro. Julius Akende Sase, Sr. Bem Gurgur.

O meu profundo apreço vai também para o antigo Tecnólogo-Chefe, Sr.

Timothy T. Chihin, do Departamento de Ciências Químicas, pelos seus conselhos úteis.

Todos os meus aprendizes/clientes no Instituto Internacional de Design e Formação de Moda Kumcy também são altamente reconhecidos.

Finalmente, o meu mais profundo agradecimento/alegria vai para: o meu pai Orduen Alexander Iortyom (que a sua alma descanse em paz), a minha preciosa mãe Martha Aver Iortyom, Shiwuese e todos os meus irmãos e irmãs Ngusha, Hembafan, Ungwa, Erdoo, Terkende, Ngodoo, Ngukeghen, Dezungwen, Ngunengen, Msen, Dooshima, Hembadoon, Mvendaga, Angor e

Doose. Também os irmãos do meu pai, Kasar, Iorsenge, Igba e Aondoaseer, incluindo Dehenan, Dooior, Gbaden, Tyosoo e Civir, pela sua assistência e cooperação para o meu sucesso. Agradeço a Aondowase, Iorlumun, Aondover e Aondoatsea. Do lado da minha mãe, agradeço a Aondongu, Terungwa e Awuese. Agradeço também a todos os simpatizantes.

ÍNDICE DE CONTEÚDOS

CAPÍTULO 1

INTRODUÇÃO

1.1 Introdução

O sumo de fruta é o líquido naturalmente contido na fruta. Foi alargado para significar o produto obtido a partir de um concentrado, que na sua maioria possui características sensoriais e analíticas semelhantes às do sumo de fruta extraído diretamente da fruta (Manay e Shadaksharaswamy, 2001).

O consumo de fruta fresca é frequentemente substituído pelos sumos de fruta. Os sumos de fruta sem álcool desempenham um papel muito importante na dieta das pessoas, tanto nos países desenvolvidos como nos países em desenvolvimento.

Recentemente, o consumo de sumos de fruta em todo o país tem aumentado rapidamente, provavelmente devido à perceção pública dos sumos de fruta como uma fonte natural e saudável de nutrientes e à perceção de que os sumos de fruta contribuem diretamente para uma boa saúde. O aumento da procura de sumos de fruta pode ser explicado pelo custo crescente dos cuidados de saúde, pelo aumento constante da esperança de vida e pelo desejo das pessoas mais velhas de melhorar a sua saúde (Molet e Rowlend, 2002). Hoje em dia, as pessoas são mais pró-activas, tomando a iniciativa de encontrar um alimento ou bebida (sumo) para prevenir uma doença, em vez de esperar pela cura das doenças.

Por outro lado, as pessoas estão a ficar mais ocupadas de dia para dia e, por isso, a procura de comida/bebida pronta a comer está a aumentar rapidamente. Para satisfazer a procura crescente e a enorme oportunidade de ganhar dinheiro com esta secção, surgiu no mercado um grande número de novas marcas de sumos de fruta. Na maioria dos casos, os consumidores não estão conscientes e compram sumos de fruta adulterados que têm propriedades físico-químicas pouco semelhantes (ou não significativamente semelhantes) às do fruto de que são obtidos. O Codex Alimentarius definiu o sumo de fruta como um sumo não fermentado mas fermentável destinado ao consumo direto; obtido por processo mecânico a partir de frutos sãos e maduros, conservado exclusivamente por meios físicos. Concentrado e posteriormente reconstituído com água adequada para manter a composição essencial e os factores de qualidade do sumo. A adição de açúcar ou de ácidos pode ser permitida, mas deve ser aprovada na norma individual (Codex, 2005; FAO, 1992).

As etapas envolvidas no processamento do sumo são seleccionadas com base no tipo de sumo a ser processado. Estas variações estão invariavelmente relacionadas com as características anatómicas e de composição dos diferentes frutos (Okaka, 2009).

Idealmente, não existe uma diferença significativa entre o consumo de fruta crua e de sumos de fruta, uma vez que ambos têm uma composição semelhante (Ruxton *et al*, 2006; Landon, 2007). Isto também é apoiado por Kris-Etherton *et al.*, (2002) onde as actividades antioxidantes estão presentes no sumo de fruta tal como na fruta inteira. O sumo de fruta é melhor em termos de sabor, aroma, cor e aroma quando acabado de ser extraído. No entanto, o fator mais importante na indústria de sumos de fruta é a utilização de métodos que conservem estas propriedades ao máximo (Okaka, 2009).

O sumo de fruta só pode ser utilizado legalmente para descrever um produto que seja 100% sumo de fruta. O sumo de fruta contém uma grande variedade de componentes e estruturas diferentes. O valor nutricional do sumo de fruta depende da sua composição; no entanto, pode ser utilizado com vantagem para suplementar as deficiências da maioria das dietas. Os componentes mais importantes (nutrientes) da fruta podem ser agrupados em: água, proteínas, hidratos de carbono, gordura, minerais, fibras, vitaminas, ácidos essenciais e fitoquímicos, etc. (Geoge e Pamplona, 2007).

Os sumos são bebidas sem gordura e densas em nutrientes, ricas em vitaminas, minerais e fito-nutrientes naturais que contribuem para uma boa saúde. Por exemplo, o sumo de laranja é rico em vitamina C e contém mais do que a necessidade diária mínima de 60 mg de vitamina C em 240 ml de sumo. É também uma boa fonte de ácido fólico, vitamina B, tiamina e potássio. Além disso, é uma excelente fonte de fitoquímicos antioxidantes, que contribuem para proteger as células e o organismo contra os danos oxidativos. Também oferece proteção contra os radicais livres que danificam os lípidos, as proteínas e os ácidos nucleicos. Também a melancia, que é uma boa fonte de antioxidantes naturais, pode ser suplementada com sumo de citrinos para enriquecer e melhorar as suas propriedades estéticas (Brown, 2000). A mistura pode ser feita de diferentes espécies da família dos citrinos e com outros sumos. Por conseguinte, a mistura de bebidas de fruta seria um requisito económico e também necessário para melhorar o aspeto, a nutrição e o sabor das bebidas. Alguns trabalhadores descreveram o efeito da mistura de bebidas de fruta e néctares nas características químicas e sensoriais (Sistrunk, 1985).

Muitas empresas de sumos em todo o mundo utilizam a forma concentrada do sumo, hidratando os concentrados (normalmente com 80% da água que foi originalmente removida) apenas depois de chegarem ao local onde vão ser embalados (Walker e Andrea, 2009). A fruta reconstituída não tem frequentemente as qualidades nutricionais elevadas das suas contrapartes recém-extraídas, porque as enzimas e outros nutrientes são destruídos através do processo de aquecimento e reconstituição.

Os níveis de vitaminas também são significativamente reduzidos, mas são artificialmente adicionados de volta (enriquecidos) pela maioria dos fabricantes, durante a produção (USDA, 2010).

1.2 Declaração do problema de investigação

A vontade dos produtores e dos manipuladores de concentrados de reconstituição e de acondicionamento de sumos de fruta de ganhar dinheiro (lucro) e/ou de satisfazer a procura crescente de sumos de fruta está na origem, em grande parte, de adulterações de sumos de fruta (Roberfroid, 2000).

O problema da adulteração dos sumos de fruta está, por vezes, altamente relacionado com práticas fraudulentas e apresenta riscos para a saúde. A questão é que aditivos como o açúcar, o ácido, a cor, etc. são adicionados ao sumo e os recipientes são rotulados (por vezes) de forma contrária ao conteúdo para desinformar e enganar os consumidores, levando-os a comprar a um custo elevado o que se pensa ser um produto de qualidade superior (Arthey *et al.*, 1996 e Gunnars, 2016).

Este ato está também a causar e a promover doenças relacionadas com a nutrição e a reduzir (a pôr em causa) o bem-estar físico e mental dos consumidores (Roberfroid, 2000 e Menrad, 2003).

Assim, este livro está interessado em efetuar uma análise do controlo de qualidade de quatro (4) marcas de sumo de fruta seleccionadas.

1.3 Objetivo

O objetivo é avaliar as propriedades físico-químicas de alguns sumos de fruta sem álcool.

1.4 Objectivos

Os objectivos específicos para alcançar o objetivo acima referido são

(i) para determinar o pH das amostras seleccionadas de sumos de fruta.

(ii) medir outros parâmetros das amostras seleccionadas

(iii) comparar os parâmetros medidos com as especificações

normalizadas

(iv) verificar a coerência das amostras seleccionadas com as especificações normalizadas

(v) utilizar os parâmetros medidos para controlar a qualidade das amostras seleccionadas.

1.5 Importância do estudo

A adulteração dos sumos de fruta pode revelar-se muito perigosa para o desenvolvimento de uma sociedade saudável e pode levar a uma série de doenças como o cancro, a paralisia, o atraso mental, a hipertensão, etc. (Digirolamo, 1994).

importante na sensibilização do governo e dos consumidores para informações novas e actualizadas sobre alguns desvios das normas na produção de sumos de fruta. Isto ajudará o governo a iniciar uma campanha contra as práticas fraudulentas de adulteração de sumos de fruta (alimentos). Também ajudará os consumidores a comprar sumos de fruta com propriedades mais nutritivas.

As agências reguladoras, como a National Agency for Food and Drugs Administration and Control (NAFDAC) na Nigéria, também podem considerar este trabalho útil, pelo que foram considerados vários outros parâmetros de qualidade adicionais, como o valor brix, a condutividade, o índice de refração, a densidade, o pH, etc. Este parâmetro de qualidade adicional foi considerado com o motivo de que o sumo de fruta é comercializado e consumido em todo o mundo; a sua qualidade não pode ser determinada por avaliações subjectivas.

1.6 Âmbito e limitações do estudo

Este trabalho está concentrado em sumos de fruta embalados sem álcool. As bebidas de fruta utilizadas são Chi exotic (Ananás/Néctar de coco), 5-alive (Sumo de fruta Citrus bust), Chivita Active e Ribena (Groselha preta).

CAPÍTULO 2

REVISÃO DA LITERATURA

2.0 REVISÃO DA LITERATURA

2.1 INTRODUÇÃO

A produção de sumo de fruta teve um grande desenvolvimento nos últimos anos (Banu, 1998; Hass, 1966). De acordo com o estudo realizado por Coseseu, *et al.* (2006) sobre as características físico-químicas dos sumos de laranja, uva e tomate, a densidade relativa foi de 1,033, 1,030 e 1,010, respetivamente. O pH era de 3,716, 3,611 e 4,032, respetivamente. O índice de refração era de 1,347, 1,344 e 1,339, respetivamente. E o teor de açúcar foi de 11,1, 9,9 e 2,0, respetivamente. Os resultados obtidos foram comparáveis aos da literatura já existente.

Noutro estudo, Abbo *et al.* (2006), revelaram que existe uma redução correspondente do pH à medida que a acidez aumenta no sumo. De acordo com Bruso (2011), o sumo de fruta tende a ter um pH baixo, o que significa que é ácido.

2.2 Perspetiva histórica

O fabrico de sumo a partir de frutos é uma tradição antiga. Através de tentativas e erros, o homem desenvolveu ao longo do tempo formas práticas de extrair sumo de várias fontes e, mais importante ainda, quais os frutos atraentes mas tóxicos a evitar. Foram também inventados recipientes para armazenar alimentos, incluindo recipientes para líquidos

a partir de recursos locais, como fibra tecida e madeira, velas de barro e pele de animal/intestino, tais métodos e equipamentos ainda podem ser encontrados em regiões isoladas pré-industrializadas. Caso contrário, só podem ser vistos em museus como artefactos pré-históricos ou dos primórdios das primeiras civilizações. thAté há relativamente pouco tempo, os recipientes para líquidos eram bastante primitivos quando comparados com os do século XX (Arthey e Ashurst, 1996).

Com o desenvolvimento da agricultura ao longo de várias décadas, o cultivo de culturas proporcionou uma fonte bastante fiável de alimentos, incluindo frutos adequados para a utilização em sumos e bebidas. A não ser que o sumo seja consumido fresco, logo após a extração, a fermentação é a consequência provável com o tempo, até que as técnicas de conservação foram desenvolvidas. De facto, o conceito de manter a fruta destinada a sumo na sua forma inteira e intacta, até que o sumo seja necessário. Arthey e Ashurst (1999) afirmam que, ainda hoje, manter a fruta intacta é uma das formas mais fáceis de preservar a qualidade do sumo.

2.3 Razões para o fabrico, transformação e aumento do consumo de sumos

Existem praticamente várias razões para o fabrico contínuo, a transformação e o aumento do consumo de sumos (de fruta), apesar da sua natureza perecível.

(i) A incapacidade dos frutos de resistir a um longo período de armazenamento.

(ii) Disponibilidade sazonal de frutos

(iii) A dificuldade, a energia e o tempo necessários para descascar certos frutos são muito elevados, mas a quantidade consumida é menor do que a conveniência e o tempo necessário para consumir uma grande quantidade de sumo de fruta.

(iv) Os modernos sistemas de transformação, embalagem e distribuição garantem um produto de sumo e bebida seguro, estável e apelativo, numa forma conveniente e económica, longe da fonte da matéria-prima.

(v) Os sumos com elevado teor de sabor são a base de uma gama de co-produtos de sumo, como o sabor de gelados e produtos de confeitaria, ingredientes de panificação, etc.

(vi) O caso da mistura de frutas promove o desenvolvimento de misturas únicas de sumos com outros produtos e combinações práticas não encontradas na natureza (Brandon e Ferreiro, 1990).

2.4 Fruta/Sumo Composição geral

Broilers (1999), afirmou que a lógica para definir e distinguir sumos entre os produtos de sumo diluído é orientar os consumidores e evitar fraudes económicas, no entanto muitos consumidores não estão conscientes da subtil distração na classificação. O aspeto funcional e estrutural da fruta detecta a sua composição.

O quadro 2.1 apresenta alguns constituintes típicos dos frutos (subsequentemente sumo) e a gama de valores que depende do fruto, do cultivo, da maturidade e de outros factores.

Tabela 2.1: Composição dos frutos

COMPOSITION	RANGE (%)	COMMENTS
Protein	5-Trace	More in oil fruit and seed.
Mineral	0.2 Trace	Soil and species dependent
Dietary fibre	<1tp 15>	Pce and core dependent
Pigneuts	0.1-Trace	Carotainoids, anthocyanins, chlorophyll
Vitamins	0.2-Trace	Water soluble . tat soluble
Rhenolics	0.5-Trace	Tannins and complex phenols
Acids	3-Trace	Citric, tartaric, malic, latic, acetic, ascorbic + mino
Lipids	25-Trace	Traces in cell membrane, in seed, high in avocado
Canbohydrates	25-30	Sugars and polymers - pectin, hemicelluloses
Water	97-70	Influenced cultivation and post harvest conduction

O principal componente é, obviamente, a água, derivada do fluido extra e intercelular, necessária para o processo metabólico e a manutenção dos tecidos celulares.

Apesar da pequena quantidade de alguns compostos, estes podem influenciar a estabilidade ou o valor sanitário do fruto. Muitos factores intrínsecos (específicos do fruto) e extrínsecos (dependentes da extração) influenciam a tabela de composição do sumo e fornecem uma primeira aproximação razoável à composição do fruto e do sumo (USDA 2000).

2.5 Segurança, graus e normas regulamentares dos sumos

2.5.1 Segurança

A segurança é um fator importante que deve ser levado muito a sério para garantir que os produtos chegam aos consumidores nas condições correctas ou desejadas que não afectem negativamente a sua saúde. As consequências dos lapsos de segurança não recaem apenas sobre o público consumidor, mas também sobre a empresa alimentar implicada, cuja reputação e saúde financeira podem estar seriamente em risco. Ao longo dos anos, as infracções em matéria de segurança alimentar têm sido punidas com todo o peso da lei, levando ao desaparecimento de empresas e a penas de prisão para os gestores de produção culpados e mesmo para o diretor da fábrica de alimentos em causa.

A fácil combinação de matérias-primas ou ingredientes de fruta na preparação e processamento de sumos proporciona aos técnicos alimentares uma gama praticamente infinita de possíveis produtos de sumo, variando em termos de qualidade, preço e natureza líquida do sumo. Além disso, a disponibilidade de muitos constituintes de sumos naturais e fabricados oferece uma oportunidade de mistura não disponível para os formuladores que trabalham com alimentos sólidos. A versatilidade do sumo de fruta e as muitas opções de mistura são também uma tentação para cortar nos custos através de adulterações económicas.

A facilidade com que os sumos podem ser alterados com açúcar, água ou sumos de qualidade inferior atraiu e continua a atrair fornecedores pouco éticos. Felizmente, os avanços na química analítica e na instrumentação, juntamente com os bancos de dados sobre a composição dos sumos de fruta, tornam a adulteração mais fácil de detetar (Nagy e Wade, 1945). Assim, os movimentos internacionais de sumos são razoavelmente bem controlados, embora os produtores marginais locais continuem a passar despercebidos. Estas práticas pouco éticas podem também ser perigosas, uma vez que se registaram muitos casos trágicos de adição de ingredientes venenosos ao sumo. Felizmente, a maioria dos municípios dispõe atualmente de mecanismos de regulamentação e de aplicação da legislação alimentar que impedem este tipo de fraude. Apesar desses esforços, surgiu outro problema grave de segurança associado ao consumo de sumos: a contaminação dos sumos por microrganismos patogénicos, como o E-Coli 0157 H7 e a salmonela, causou inúmeras doenças e algumas mortes. (ICMSF, 2010). Os métodos de vigilância e deteção estão a tornar-se muito mais sensíveis.

A contaminação por microrganismos patogénicos deveu-se a produtos frescos,

sumos não pasteurizados Powell e Leudtke (2000) revelaram que existe um segmento populacional crescente na indústria dos sumos, cujas vendas estão agora ameaçadas pela nova regulamentação.

A segurança tem sempre precedência e limites rígidos de produção, colheita, transporte, armazenamento, fabrico, transformação, rotulagem e distribuição. Estas são incorporadas nas boas práticas agrícolas (BPA) e nas boas práticas de fabrico (BPF), sendo os procedimentos de análise de riscos e pontos de controlo críticos (HACCP) aplicados ao longo de toda a cadeia alimentar, de acordo com (Parish, 1997).

2.5.2 Graus

A preocupação seguinte à segurança são as considerações económicas e de qualidade. Um produto pode ser perfeitamente seguro, mas também pode ser completamente fraudulento. Um exemplo que pode ser citado aqui é a venda de um produto rotulado como sumo de fruta que, na realidade, pode consistir em poucos ou nenhuns componentes de fruta. Assim, tornou-se agora necessário incorporar nos códigos regulamentares da maioria dos países o desenvolvimento de normas para os sumos de fruta. Estes regulamentos abrangem o processamento utilizado, a quantidade de conteúdo de fruta necessária para várias designações de sumo, os níveis de sólidos e ácidos, a quantidade de substâncias adicionadas permitidas, tais como água, açúcar, ácido, conservantes e normas sanitárias razoáveis (Florida 2000).

Além disso, podem ser atribuídas classificações em função da cor, do sabor, da consistência e da ausência de defeitos (Florida, 2000). Os graus e normas do Codex Alimentarius foram promulgados e continuam a ser revistos para fornecer um guia útil para normalizar as normas nacionais e facilitar o comércio intra e internacional, (FAO, 2000b).

A análise pode detetar facilmente vestígios de pesticidas, produtos químicos industriais que eram indetectáveis e sem importância há uma década atrás, Codex Stan 247 (2005).

2.5.3 Normas regulamentares

O sumo de força única, de acordo com a USDA, deve ter um mínimo de 10,0 oβrix (USDA).

Existe uma necessidade clara de controlar os produtos comerciais alimentares. Nos países industrializados e no comércio internacional em geral, todas as etapas do fabrico de sumos, desde o cultivo das matérias-primas até à comercialização, estão sujeitas a algum tipo de controlo regulamentar. Na realidade, algumas regulamentações podem ser numerosas, pesadas e até desnecessárias. De acordo com Somogy *et al.* (1996a), a história do controlo alimentar e a situação existente antes do desenvolvimento e da aplicação das leis alimentares, certamente informa a visão do governo. As duas principais necessidades incluem:

(i) Garantir a segurança de todas as matérias-primas alimentares

(ii) Para evitar fraudes económicas, ingredientes não autênticos e rotulagem incorrecta, Somogy *et al.* (1996).

2.6 Melhoria derivada da mistura de sumos de fruta

Existem melhorias que podem ser obtidas através da mistura de sumos de fruta; na medida em que o sumo de fruta puro tem um forte apelo e tradição. Alguns deles são:

(i) Ajustamento ou correção de aromas excessivamente fortes, acidez, adstringência ou amargor particularmente elevados.

(ii) Correção do baixo teor de sólidos solúveis

(iii) Melhoria da cor ou estabilidade da cor ou de outros atributos desejáveis do sumo

(iv) Melhoria das propriedades nutricionais ou fitoquímicas únicas

(v) Ajustamento do açúcar/ácido e compensação de outros saldos no sumo de uma única colheita, uma vez que muitos factores influenciam a composição e a qualidade do sumo.

(vi) Redução do custo de alguns sumos (por exemplo, frutos exóticos)

(vii) Superar a escassez

(viii) Ultrapassar a indesejável consistência do sumo de um só título

Assim, de acordo com De-carvalho et al., (2007), a mistura de sumos é um dos melhores métodos para melhorar a qualidade nutricional do sumo. Ele também revelou que, pode melhorar o conteúdo de vitaminas e minerais, dependendo do tipo e qualidade das frutas e vegetais utilizados.

2.7 O valor do sumo

Os sumos de fruta embalados são extraídos de frutos frescos, como laranjas, mangas, goiabas, groselhas, maçãs, etc. Após a extração, os sumos são conservados por pasteurização (Halvorsen, 2009). Contêm hidratos de carbono (açúcares), vitaminas e minerais (Halvorsen, 2009), antioxidantes (Harvorsen et al., 2002) e uma quantidade específica de conservantes e aditivos (Araya et al., 2009). A utilização de conservantes em produtos à base de fruta tem como objetivo prolongar o tempo de armazenamento da bebida, retardando ou inibindo alterações no sabor, valor nutritivo, odor, cor, textura e outras propriedades organolépticas. Os constituintes e a conveniência dos sumos ou bebidas de fruta tornaram-nos mais aceitáveis na última década (March e Bugusu, 2007). São normalmente utilizados como fonte de bebidas não alcoólicas para prazer e matar a sede.

2.8 Benefícios para a saúde, efeitos negativos e implicações

2.8.1 Prestações de saúde

Embora seja melhor obter os nossos nutrientes e fibras a partir de vegetais e frutas inteiros, os sumos ainda contêm vitaminas e são frequentemente consumidos pelos seus benefícios para a saúde (Andrea *at al.* 2006). Por exemplo, certos sumos são ricos em vitamina C, contêm folato e minerais como o potássio, que apresentam um declínio relacionado com a idade, e também contribuem para a produção de serotonina, pelo que podem ajudar a evitar a depressão e a melhorar o humor (Kurowska *et al.* 2000). De acordo com Frank *et al.* (2005), a vitamina C, que pode ser encontrada nos sumos de fruta, é responsável pela saúde do colagénio, uma proteína que ajuda a manter a pele e a cartilagem saudáveis. A vitamina C é por vezes adicionada ao sumo através de fortificação porque o conteúdo é variável, e muito do que é perdido no processamento (Park e Edwards 2008). Outras concentrações de vitaminas são baixas, mas o sumo de maçã contém vários nutrientes minerais, incluindo boro, que pode promover ossos saudáveis (Parks e Edwards 2008). O sumo de maçã tem uma concentração significativa de fenóis naturais de baixo peso molecular (incluindo ácido clorogénico, flavan -3-óis e flavonóis) e procinóides (Henrietta *et al.* 2008) que podem proteger contra doenças associadas ao envelhecimento devido ao efeito antioxidante que ajuda a reduzir a probabilidade de desenvolver cancro e doença de Alzheimer (Lawson, e Willow, 2010). Do ponto de vista médico, os diferentes tipos de sumo são essenciais no tratamento e na profilaxia das doenças cardiovasculares. Por conseguinte, são utilizados como produtos dietéticos, bem como elementos especiais para crianças e idosos (Gutulesen, 1977).

2.8.2 Efeitos negativos

Recentemente, a análise dos padrões alimentares surgiu como uma abordagem alternativa e complementar para examinar a relação entre a alimentação e o risco de doenças crónicas. Vários estudos têm sugerido que os padrões alimentares derivados de factores ou da análise de clusters predizem o risco de doenças ou a mortalidade. Além disso, há um interesse crescente na utilização de índices de qualidade alimentar para avaliar se a adesão a um determinado padrão alimentar (por exemplo, o padrão mediterrânico) ou às directrizes alimentares actuais reduz o risco de doenças (Lippincott e Wikins, 2002).

Os sumos de fruta podem ser uma fonte nutritiva de vitaminas e minerais, mas são altamente concentrados em açúcar natural. A investigação mostra que o sumo de maçã aumenta a acetilcolina no cérebro, possivelmente resultando numa melhoria da memória. Apesar de ter alguns benefícios para a saúde, o sumo de maçã é rico em açúcar; tem 28g de hidratos de carbono (24g de açúcar) por 8 onças. Isto pode aumentar rapidamente o nível de açúcar no sangue e de triglicéridos (Henrietta *et al.* 2008), razão pela qual o sumo não é recomendado para pacientes com diabetes tipo 2 e indivíduos com triglicéridos elevados.

As bebidas de fruta, que não devem ser confundidas com sumos a 100%, são uma escolha ainda pior porque contêm açúcares adicionados e menos nutrientes. Ao transformar toda a produção em sumo, a maior parte da fibra perde-se e o resultado final é menos nutritivo. (Norv, 2009).

Considere o seguinte: são precisos alguns minutos para comer uma peça de fruta com 60 calorias, mas apenas alguns segundos para beber um copo de sumo de fruta com 110 calorias. Isto porque, tanto os sumos de fruta como as bebidas de fruta são densos em calorias e pobres em fibras, pelo que as pessoas que tentam perder ou controlar o peso devem limitar o seu consumo e optar por fruta fresca e inteira (Myles *et al.* 2006).

Os legumes engarrafados e enlatados e os sumos de tomate não são geralmente recomendados, pois contêm quantidades elevadas de sódio, o que aumenta o risco de hipertensão (Feldman, 2001).

2.8.3 Implicações para a saúde

Os benefícios terapêuticos dos alimentos são conhecidos desde há muito tempo. O princípio "que o teu alimento seja o teu remédio e o remédio seja o teu alimento" foi adotado há 2500 anos por Hipócrates, o pai da medicina (Hasler, 2002). [th]No entanto, esta filosofia do "alimento como medicamento" caiu numa relativa obscuridade no século XIX com o advento da moderna terapia medicamentosa. [th]Durante os primeiros 50 anos do século XX, a atenção científica centrou-se na identificação dos elementos essenciais, em particular as vitaminas, e no seu papel na prevenção de várias doenças alimentares. Esta ênfase nos nutrientes ou na "subnutrição" mudou drasticamente durante os anos 70, quando as doenças ligadas ao excesso e à sobrenutrição se tornaram uma grande preocupação de saúde pública

(Hasler, 2002). As bebidas são uma área de alimentos funcionais em rápido desenvolvimento. Por exemplo, algumas bebidas, como as bebidas de malte e os sumos de fruta como a laranja, a manga e o ananás, são fortificadas com vitaminas antioxidantes A, C e E e outras com extractos de ervas (Dowden, 2000).

2.9 Parâmetros de avaliação da qualidade

A composição química dos alimentos é frequentemente determinada para estabelecer a aceitabilidade ou o valor nutritivo do produto. Assim, foram definidos vários parâmetros químicos para auxiliar a avaliação da composição química. Estes incluem:

2.9.1 pH

O termo pH (potencial de hidrogénio) indica a concentração de iões de hidrogénio. É a medida de quão ácida ou alcalina é uma substância. A escala de pH varia de 0 a 14. Quanto mais baixo for o valor do pH de uma solução, mais ácida é a solução e quanto mais alto for o valor do pH de uma solução, mais alcalina é a solução. As soluções (substâncias) que não são ácidas ou alcalinas (neutras) têm geralmente um valor de pH de 7. Os ácidos têm um valor de pH inferior a 7 e os álcalis têm um pH superior a 7 (Covington *et al.* 1985). Sorensen introduziu este conceito em 1909 como uma medida da concentração de protões (H^+) numa solução.

De facto, o pH é o logaritmo negativo da atividade do ião de hidrogénio numa solução.

$$pH = -log_{10}(H^+) = log_{10}\left[\frac{1}{\alpha H^+}\right].$$

Em que aH^+ é a atividade dos iões de hidrogénio medida em moles por litro mol/l (concentração molar).

As medições de pH têm muitas utilizações na ciência alimentar. A segurança de muitos alimentos depende do pH e o sabor desejado do alimento é frequentemente determinado pela concentração de [H^+] Aubri, 2015). O sumo gástrico no nosso estômago tem um pH de cerca de 2,0 e a laranja

O sumo tem um pH médio de cerca de 3,5, pelo que o sumo gástrico é mais de dez vezes mais concentrado em H^+ do que o sumo de laranja. Hoje em dia, a grande maioria da poluição nas nações industrializadas sofre de problemas causados pelo stress da acidose, porque tanto o estilo de vida moderno como a dieta promovem a acidificação do ambiente interno do corpo (Aubri, 2015).

O pH do sangue humano deve ser ligeiramente (7,35 - 7,45). Abaixo ou acima deste intervalo significa sintomas de doenças (Aubri, 2015). Se o pH do corpo for inferior a 6,8 ou superior a 7,8, as células deixam de funcionar e o corpo morre (Aubri, 2015). Uma dieta pobre e um estilo de vida stressante contribuem para os desequilíbrios do pH corporal. Por conseguinte, é importante que a ingestão diária de alimentos actue naturalmente para equilibrar o pH do corpo. Também o efeito erosivo do sumo de fruta com pH baixo foi reconhecido há muito tempo (Darby, 1892) e (Miller, 1907) que relataram a descalcificação dos dentes devido ao consumo excessivo de sumo de fruta.

Tabela 2.2: Os intervalos de pH de alguns sumos de fruta e alimentos ou substâncias relacionadas.

Food	**pH**
Orange juice	3.30 - 4.19
Grape juice	2.92 - 3.53
Lemon juice	2.40 (Average)
Cranberry juice	2.2-2.52
Apple juice	3.35-4.00
Pineapples	3.7 (Average)
Carrots	5.88-6.40
Pure water	7
Human blood	7.34-7.45
Stomach	2.0
Urine	5.8-6.7
Saliva	6.8-7

Source: http://healthyeating.sfgate.com/pH-levels (and Jessical Bruso (2011) the pH levels of some fruit juices).

Um dos sistemas tampão mais importantes do corpo humano é o sangue. Um sistema tampão é aquele que resiste à alteração do pH quando lhe são adicionadas pequenas quantidades de ácido ou alcalino. A ação tampão deve-se à presença do ácido fraco e do seu sal (Brain e Allan

(1978).

2.9.2 Condutividade eléctrica (CE)

A condutividade eléctrica de uma substância é a capacidade da substância para conduzir corrente eléctrica. Esta capacidade é medida através da utilização de um medidor de condutividade eléctrica (medidor EC). O medidor de CE é normalmente utilizado em hidroponia, laboratórios, aquacultura e sistemas de água doce para monitorizar a quantidade de nutrientes, sais ou impurezas na água (solução) (Gray, 2004).

A unidade S.I. de condutividade eléctrica era micromhos por centímetro (µmhos⁄cm) até finais da década de 1970, após o que foi alterada para microsiemens/ centímetro (µs⁄cm). Ainda é possível encontrar ambos os conjuntos de unidades na literatura científica publicada com valores numéricos idênticos (1µs⁄cm=1µmho⁄cm). A unidade maior para a condutividade é o miliSiemens⁄centimetro (ms⁄cm). Um eletrólito é uma substância que contém iões livres, que produz uma solução condutora de eletricidade quando dissolvida num solvente polar.

Têm iões com carga positiva e negativa. No nosso organismo, os electrólitos referem-se a minerais como o sódio (Na^{+}), o potássio (K^{+}), o cálcio (Ca^{2+}), o magnésio (mg^{2+}), o cloreto (ci^), o hidrogenofosfato (*HPO%~*), etc. Estão presentes no sangue, nos fluidos corporais e na urina. Os electrólitos são ingeridos no corpo através de alimentos, frutos frescos, sumos de fruta (bebidas), vegetais, medicamentos e suplementos (Glace B.W. 2002).

Por conseguinte, se passar corrente eléctrica através do sumo de fruta, a condutividade do sumo de fruta é possível, uma vez que este contém electrólitos. Na maioria dos casos, estes electrólitos contidos nos sumos de fruta ocorrem na natureza (Gunnars, 2016).

O teor de açúcar e a natureza de outros componentes (electrólitos) podem causar diferentes condutividades eléctricas entre as amostras de sumo comparadas.

A condutividade eléctrica do sumo de fruta depende fortemente da temperatura, da concentração iónica e da concentração de sólidos totais (Hari Lyalikov, 1968).

A condutividade eléctrica aumentou com o aumento da concentração de sólidos totais. Isto acontece porque quanto maior for a concentração total de sólidos, maior será a concentração iónica no sumo.

Para medir a condutividade de uma solução (por exemplo, sumo de fruta), é utilizado um medidor de condutividade eléctrica. Este medidor possui uma célula de condutividade que contém dois eléctrodos de platina com uma distância exacta de 10 cm entre si, ligados às paredes de vidro da célula, designadas por

sensor.

Quando a célula é colocada numa solução e é aplicada uma tensão constante (A.C) através dos eléctrodos, a corrente eléctrica (I) flui através da solução devido a esta tensão aplicada, que é proporcional à concentração de iões dissolvidos nessa solução (sumo de fruta). Quanto mais iões, mais condutora é a solução (mas baixa resistência e o inverso é o caso). Isto acontece através da aplicação da lei de ohm, V=IR (Michaud, 2002).

A condutividade de uma solução é tipicamente devida à presença de electrólitos na solução. Os sumos de fruta contêm electrólitos que, quando consumidos, são úteis para as células do corpo. As células do corpo nos músculos, coração e células nervosas utilizam electrólitos para manter as tensões através das membranas celulares e também para transportar contracções musculares, impulsos nervosos e outros impulsos eléctricos para outras células. Também regulam a pressão sanguínea, o pH e a reconstrução de tecidos danificados (Mayoclinic).

O nível de um eletrólito no sangue (corpo) pode tornar-se demasiado alto ou demasiado baixo. Existem vários mecanismos no nosso corpo que mantêm as concentrações de electrólitos sob controlo rigoroso (a um nível normal). No entanto, os electrólitos são por vezes perdidos por vómitos, diarreia, doenças renais ou durante o exercício físico intenso (por exemplo, potássio e

sódio são perdidos no suor). Um desequilíbrio eletrolítico pode produzir um ou mais dos seguintes sintomas (a maioria dos quais são de diabetes):

> Batimento cardíaco irregular

> Fraqueza

> Confusão

> Doenças ósseas

> Doenças do sistema nervoso

> Convulsão

> Dores de estômago

> Boca ou garganta seca

> Perda total de apetite

> Micção frequente

> Convulsões

> Prisão de ventre

> Ter muita sede

Fonte:

http: //www.mayoclinic.org/diseas4es.conditions/diabetic-cetoacidose/básicos/sintomas/ con-20026470.

Os sumos de fruta são boas fontes destes electrólitos e podem repor as suas perdas (desequilíbrios) se consumidos (Mayoclinic).

O medidor de condutividade eléctrica também estima a quantidade de sólidos totais dissolvidos (TDS) numa solução. É medido em miligramas por litro (mg/l).

A salinidade é a medida da massa de sais dissolvidos numa determinada massa (TDS) de uma solução. A unidade comumente usada é a unidade prática de salinidade (PSU) e outra unidade chamada PPT (Parte por milhares). (www.chemiasoft.com/chemd/salinity-calculator).

2.9.3 Brix

A medição do grau Brix é uma aplicação bem conhecida na indústria alimentar e de bebidas. Em termos estritos, a medição Brix é a medição do teor de sacarose pura em água (1 grau Brix=lg de sacarose em 100g de solução), (Frederick, 2014) mas a medição Brix é utilizada em muitas outras aplicações (refrigerantes, sumos de fruta, concentrados de tomate, etc.) que estão muitas vezes longe da solução de sacarose/água pura. Isto tem levado a confusões, especialmente quando se comparam resultados obtidos com diferentes técnicas de medição (hidrómetro, picnómetro, refratómetro, medidor de densidade digital ou liquifisico).

Essencialmente, pode dizer-se que o Brix é a concentração total de todos os sólidos solúveis (SST) no sumo (isto é, quando outras substâncias também se dissolvem na solução); embora os açúcares constituam a maior parte dos sólidos nos sumos (ICUMSA, 2005).

A medição do Brix é muito importante por várias razões.

> Um Brix mais elevado significa melhor sabor e melhor valor nutritivo.

> A qualidade do sumo de fruta pode ser determinada no ponto de venda/compra (ICUMSA, 2005).

Existe uma relação direta entre o índice de refração e o Brix, a densidade e o Brix, bem como a gravidade específica e o Brix. O índice de refração, a densidade e a gravidade específica medidos podem ser convertidos diretamente em percentagem de sacarose em peso (^{o} Brix). As conversões baseiam-se na 16th sessão do congresso da comissão internacional do ICUMSA de 1974 e no quadro 109 da circular NBS 440. www.density.com e www.refractometry.com). Para qualquer amostra que contenha açúcares ou componentes diferentes da sacarose (por exemplo, glicose, açúcar de malte, mel, etc.), os resultados obtidos não são verdadeiros graus Brix, mas apenas valores relativos (de Brix) e são designados por "Brix aparente". Por conseguinte, os valores Brix obtidos numa solução sem sacarose, medidos com o densímetro (método) e o refratómetro, não podem ser comparados. Ver quadro 2.6-2.8.

Tabela 2.3: O gráfico Brix composto dos reinos

	Poor	Average	Good	Excellent
Apples	6	10	14	18
Blueberry	6	8	12	14
Coconut	8	10	12	14
Grape fruit	6	10	14	18
Grapes	8	12	16	20
Lemon	4	6	8	12
Limes	4	6	10	12
Lettice	4	6	8	12
Mangoes	4	6	10	14
Oranges	6	10	16	20
Pineapple	12	14	20	22
Carrots	4	6	12	18
Cabbage	6	8	10	12

As informações constantes do quadro acima foram compiladas pelas seguintes fontes associadas:

> Acres, USA an Ecological Farm Newspaper editado por Fred & Charles Walters.

A Anatomia da Vida e da Energia na Agricultura pelo Dr. Arden Andersen, D.O. Ph.D.

2.9.4 Índice de refração

Esta é uma das determinações importantes para garantir a qualidade na produção de sumos de fruta.

Fornece informação sobre a concentração de açúcar ou Brix, que é utilizada na verificação da qualidade de purés e concentrados. Se o índice de refração de uma solução for 1,33, isso significa que, no vácuo, a luz viaja 1,33 vezes mais depressa do que numa solução.

O fenómeno da refração da luz (curvatura da luz) baseia-se no princípio de que, à medida que a densidade de uma substância (ou solução) aumenta (por exemplo, quando o açúcar ou os minerais são dissolvidos em água, frutas ou legumes), o seu índice de refração aumenta proporcionalmente.

Quanto mais concentrada for uma solução com sólidos dissolvidos, mais a luz se irá curvar (Sackmann, 2014). O instrumento denominado refratómetro é utilizado para medir o "grau" a que a luz se curva numa solução deste tipo, o que é conhecido como ângulo de refração. Foi estabelecido um valor de índice para cada um destes ângulos de refração, que é designado por índice de refração e que pode ser utilizado para avaliar ou identificar uma determinada solução ou líquido.

2.9.5 Gravidade e densidade específicas

É a expressão da razão entre as massas relativas de igual volume da substância que está a ser medida e da água a uma determinada temperatura.

temperatura popularmente conhecida como densidade relativa em 1ml de água a

4º c temperatura à qual a água tem a sua densidade máxima de 1g, (Basker, 2016). É habitual referir as densidades à densidade de água a 4º c.

Também pode ser referida como a razão entre a densidade da substância e a densidade da água. É uma grandeza sem dimensão Basker (2016). A gravidade específica de um líquido pode ser encontrada utilizando um frasco de densidade relativa através da relação:

$$R.D. = \frac{M_2 - M_1}{M_3 - M_1}.$$

Onde:

M_1 = massa da garrafa vazia

M_2 =massa da garrafa + líquido

M_3 =massa da garrafa + água

M_2 - M_1 =massa de líquido

M_3 - M_1 =massa de igual volume de água

Tabela 2.4: Gravidade específica de alguns materiais.

Specific gravity of some materials

Material	**Specific Gravity**
Water	1
Table salt	2.17
Ethanol	0.75
Blood	1.060
Urine	Between 1.003 and 1.035
Alcohol	0.789

Source: (Young and Freedman, 2008)

2.9.6 Densidade

Uma propriedade importante de qualquer substância ou material é a sua densidade.

Volumes iguais de substâncias diferentes têm massas ou pesos diferentes.

Assim, a densidade (p) é definida como a massa por unidade de volume do material (Young e Freedman, 2008).

$$\text{Density (P)} = \frac{Mass}{Volume} = \frac{M}{V}.$$

A unidade SI de densidade é lkograma por metro cúbico (lkg/m^3), e a unidade cgs é grama por centímetro cúbico (lg/cm^3) lg/cm =lOOOkg/m^{33} ou

lg/cm =l0^{33} kg/m^3

A água tem a densidade de lgcm^3 ou l0^3 kgm^3 .

Tabela 2.5: Densidades de algumas substâncias comuns (material).

Material	Density (Kg/m³)
Water (at 4°)	1×10^3
Ice (at 0°)	0.92×10^3
Methylated spirit	0.80×10^3
Ethanol	0.81×10^3
Blood	1.06×10^3
Air	1.20

Source: (Young and Freedman, 2008)

Tabela 2.6 Tabela de conversão da gravidade específica em Brix

Specific Gravity	Brix	Specific Gravity	Brix	Specific Gravity	Brix
0.990	0.00	1.012	3.07	1.034	8.53
0.991	0.00	1.013	3.32	1.035	8.77
0.992	0.00	1.014	3.57	1.036	9.01
0.993	0.00	1.015	3.82	1.037	9.26
0.994	0.00	1.016	4.08	1.038	9.50
0.995	0.00	1.017	4.33	1.039	9.74
0.996	0.00	1.018	4.58	1.040	9.98
0.997	0.00	1.019	4.83	1.041	10.22
0.998	0.00	1.020	5.08	1.042	10.46
0.999	0.00	1.021	5.33	1.043	10.70
1.000	0.00	1.022	5.57	1.044	10.94
1.001	0.26	1.023	5.82	1.045	11.18
1.002	0.51	1.024	6.07	1.046	11.42
1.003	0.77	1.025	6.32	1.047	11.66
1.004	0.03	1.026	6.57	1.048	11.90
1.005	1.28	1.027	6.81	1.049	12.37
1.006	1.54	1.028	7.06	1.050	12.37
1.007	1.80	1.029	7.30	1.051	12.61
1.008	2.05	1.030	7.55	1.052	12.85
1.009	2.31	1.031	7.80	1.053	13.08
1.010	2.56	1.032	8.04	1.054	13.32
1.011	2.81	1.033	8.28	1.055	13.55
				1.056	13.79
				1.057	14.02
				1.058	14.49
				1.059	13.49
				1.060	14.72

www.wining-homebrew.com/specific-gravity-to-brix.html

Tabela 2.7 Índice de refração para Brix.

Brix %	**$_nD_{20}$**
0	
5	1.34026
10	1.34782
15	1.35568
20	1.36384
25	1.37233
30	1,38115
35	1.39032
40	1.39987
45	1.40987
50	1.42009
55	1.43080
60	1.44193
65	1.45348
70	1.46546
75	1.47787
80	1.49071
85	1.50398
90	
95	
16th sessions of ICUMSA 1974	

Quadro 2.8: Densidade para Brix

Brix %	d_{20}
0	1.00000
5	1.00965
10	1.03998
15	1.06104
20	1.08287
25	1.10551
30	1.11898
35	1.15331
40	1.17853
45	1.20467
50	1.23174
55	1.28876
60	1,28873
65	1.31866
70	1.34956
75	1.38141
80	1.41421
85	1.44794
90	1.48259
95	1.51814

Table 109 of NBS circular 440 (www.density.com)

CAPÍTULO 3

MATERIAIS E MÉTODOS

3.0 MATERIAIS E MÉTODOS

3.1 Materiais

Os materiais utilizados para esta investigação são os seguintes

(i) pH

(ii) Refratómetro de Abbe (n.º 601008).

(iii) Balança eléctrica (mettle Toledo) pl 303

(iv) Medidor de condutividade (elétrico) modelo DDSJ-308A.

(v) Frasco de densidade (50ml, 20° c)

(vi) 78-1 placa magnética de aquecimento

(vii) Copos (250ml/50ml)

(viii) 0,1 m de kcl (solução-padrão de calibração da condutividade)

(ix) Cilindros de medição (100ml/25ml).

(x) Fornecedor de energia

(xi) Termóstato eletrónico

(xii) Destilar água

3.2 Recolha de amostras

Quatro amostras seleccionadas de diferentes marcas de alguns sumos de fruta sem álcool foram obtidas em algumas lojas do mercado de ceia/ no mercado de Gboko, Estado de Benue-Nigéria.

3.2.1 Apresentação das amostras

Amostra A: Chi exótico (ananás/néctar de coco)

Amostra B: 5-alive (sumo de citrinos)

Amostra C: Chivita ativa

Amostra D: Ribena (Groselha preta)

3.3 Métodos

3.3.1 Análise físico-química

(a) Medição do pH

O pH de cada amostra de sumo de fruta foi determinado com um medidor de pH Corning (modelo 425). Antes de efetuar as medições do pH das amostras, o medidor de pH foi calibrado colocando a ponta do elétrodo do medidor no tampão de calibração de pH 7. Quando a tecla "cal" foi premida, o medidor apresentou automaticamente o valor do tampão no ecrã.

O elétrodo foi então retirado, enxaguado e imerso num copo de 250 ml contendo 100 ml de amostra de sumo de fruta, respetivamente. O copo foi então colocado numa placa de aquecimento magnética controlada por termóstato, inflamado e agitado com um agitador magnético durante um minuto para garantir uma distribuição uniforme. A tecla "read" foi então premida e as leituras foram visualizadas. Cada amostra foi medida três vezes vezes e o valor médio foi calculado. Ver figura 3.1 abaixo.

Figura 3.1: Medidor de pH

(b) Medição da condutividade eléctrica

Na determinação da condutividade das amostras, o medidor de condutividade (modelo DDSJ-308A) foi primeiramente calibrado usando solução padrão de kcl de 0,1m, o que dá um valor de condutividade de cerca de 1288 µs⁄cm. Outros ajustes também foram feitos (como a seleção constante da célula de condutividade, etc.) e a célula de condutividade foi imersa em uma amostra de suco (de 100ml) contida em um béquer de 250ml colocado em uma placa de aquecimento magnética. A amostra foi inflamada e vigorosamente agitada durante um minuto, tendo-se obtido as leituras. O procedimento foi repetido para as outras amostras e, em cada caso, foram obtidas três séries de leituras. Ver figura 3.2 abaixo.

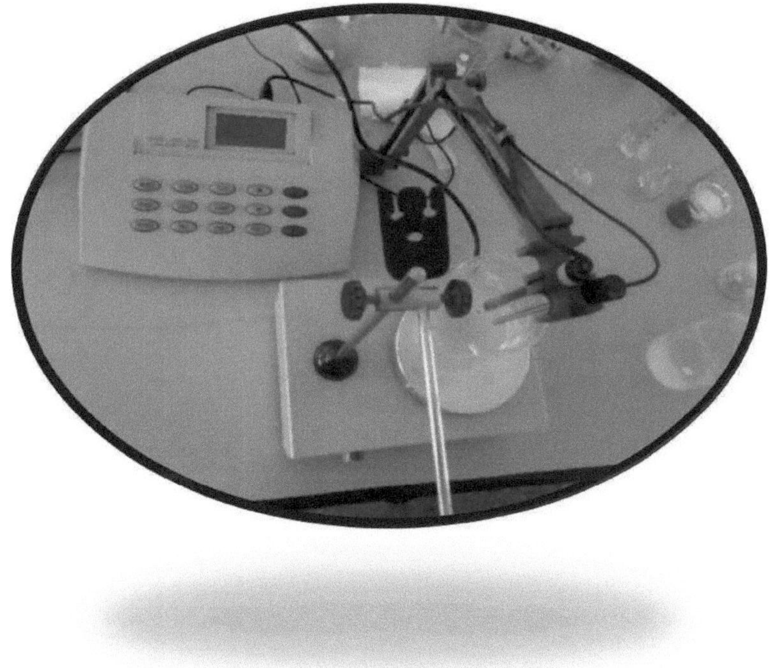

Figura 3.2: Medidor de condutividade

(c) Medição do Brix

Antes de efetuar as medições, o refratómetro de Abbe foi calibrado utilizando água destilada como referência para a calibração. Em seguida, colocou-se uma gota da amostra na placa de amostragem e fechou-se, assegurando a ausência de bolhas. Foi fornecida uma fonte de luz e o botão de regulação foi utilizado para definir corretamente a linha de separação (linha de sombra). As leituras foram visualizadas a partir da balança através da ocular. Todas as medições foram efectuadas a 32±0,1° C e repetidas três vezes, a partir das quais foram calculados os valores médios. Ver figura 3.3 abaixo.

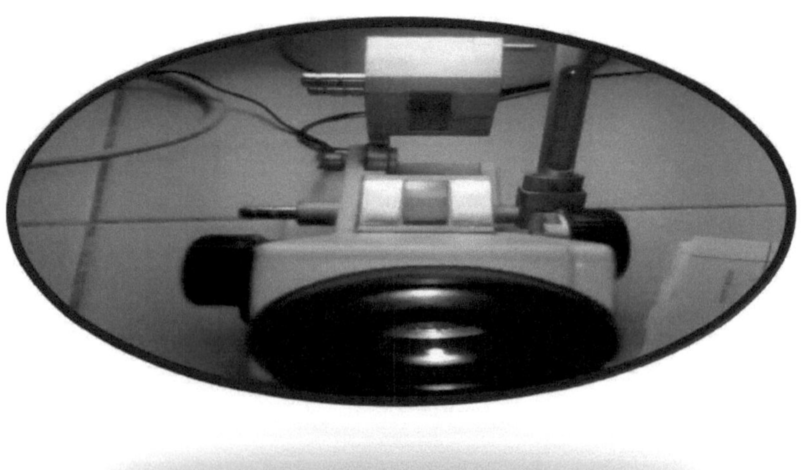

Figura 3.3: Refratómetro

(d) Medições do índice de refração

Os procedimentos adoptados para determinar o índice de refração foram simultâneos aos da medição do Brix. A única diferença foi que, enquanto as leituras do índice de refração indicam para baixo, as leituras do Brix indicam para cima na escala (na parte superior da escala). As medições foram efectuadas a 32±0,1° c e repetidas três vezes, a partir das quais foram calculados os valores médios.

(e) Medição da gravidade específica e das densidades

A gravidade específica e as densidades das amostras foram determinadas por análise gravimétrica. O peso das amostras e da água foi medido num frasco de densidade graduado de 50 cm^3 utilizando uma balança eletrónica Mettler Toledo com uma precisão de leitura de 0,01 g. Cada medição foi repetida três vezes a 32±0,1° C e os valores médios foram calculados.

A massa média de água foi de 48,8g e o volume de água foi de 50cm³ . A massa média do frasco de densidade utilizado foi de 28g e o volume de *50cm³* As massas das amostras são apresentadas nas respectivas tabelas.

Foram utilizadas as seguintes relações:

Gravidade específica das amostras $(S.G.)= \frac{Mass\ (M)\ of\ samples\ (g)}{mass\ (M) of\ equal\ volume\ of\ water\ (g)}$

$S.G.=\frac{M_2-M_1}{M_3-M_1}$

Em que M_1 = Massa da garrafa vazia (g)

M_2 =Massa do frasco (g) + massa da amostra (g)

M_3 =Massa da garrafa (g) + massa da água (g)

Density (P) of the sample=$\frac{mass\ of\ samples}{volume\ of\ sample} = \frac{M}{V}$ (Emeka E.I. (2014)

Standard error, S.E=± $\frac{\sigma}{\sqrt{n}}$ (Oni, *et al.* 2007).

Em que σ = desvio-padrão. Ver figura 3.4 abaixo.

Figura 3.4: Balança eléctrica

CAPÍTULO 4

RESULTADOS E DISCUSSÃO

4.0 RESULTADOS E DISCUSSÃO

4.1 Resultados

Neste capítulo, o resumo dos resultados obtidos em várias avaliações das propriedades físico-químicas do sumo de fruta selecionado é claramente indicado e discutido na tabela abaixo.

Tabela 4.1: Valor médio das amostras

SAMPLES / PARAMETERS	A	B	C	D
pH	3.15±0.01	3.22±0.01	3.13±0.11	2.55±0.02
Conductivity (µs/cm)	1018. 0±1.7	1087.0 ±2.3	1441.0 ±72.3	588.7 ±1.7
Total Dissolved solids (TDS) (Mg/L)	1023. 7±2.5	1154.7 ±0.3	1778.0 ±59.7	574.0 ±6.7
Salinity (%)	0.083±0.003	0.066 ±0.004	0.100±0.003	0.030±0.000
Brix (°Bx)	8.250±0.102	7.330±0.057	10.080±0.083	8.670±0.835
Refractive index	1.34520±0.00018	1.34370±0.00018	1.34820±0.00018	1.34580±0.00018
Special Gravity (SG)	1.04140±0.00004	1.04350±0.00000	1.05270±0.00000	1.05740±0.00000
Density g/cm^3	1.01640±0.00004	1.01850±0.00000	1.02740±0.00000	1.03200±0.00000

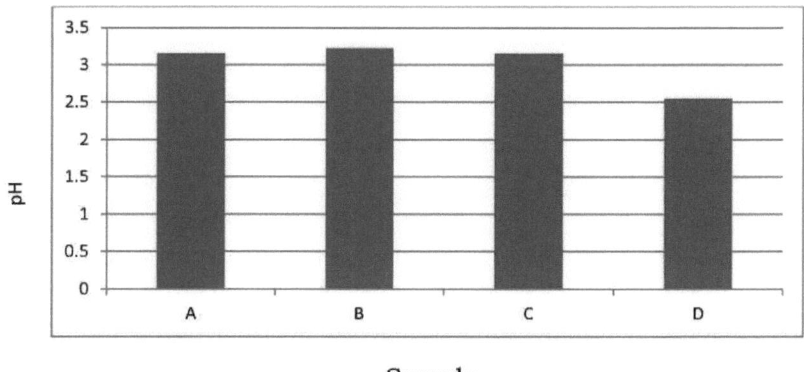

Sample

Fig 4.1: Valores de pH em relação às amostras

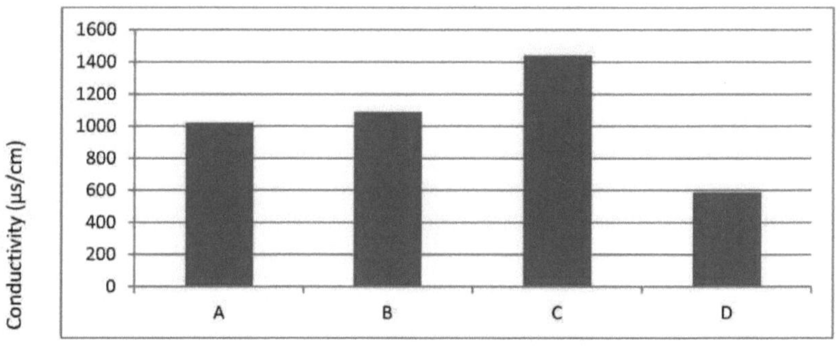

Sample

Fig. 4.2: Valores de condutividade em relação às amostras

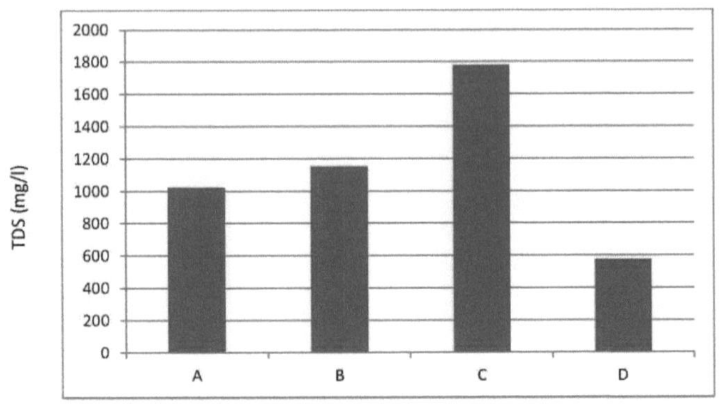

Sample

Fig. 4.3: Sólidos Totais Dissolvidos (TDS) em relação às amostras

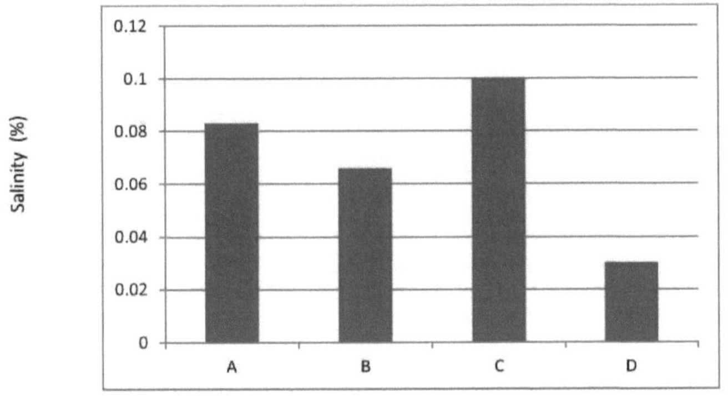

Sample

Fig. 4.4: Valores de salinidade em relação às amostras

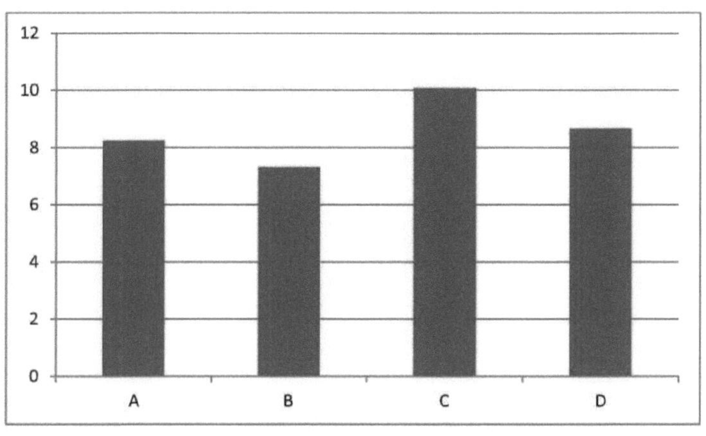

Amostra

Fig. 4.5: Valores de Brix em relação às amostras

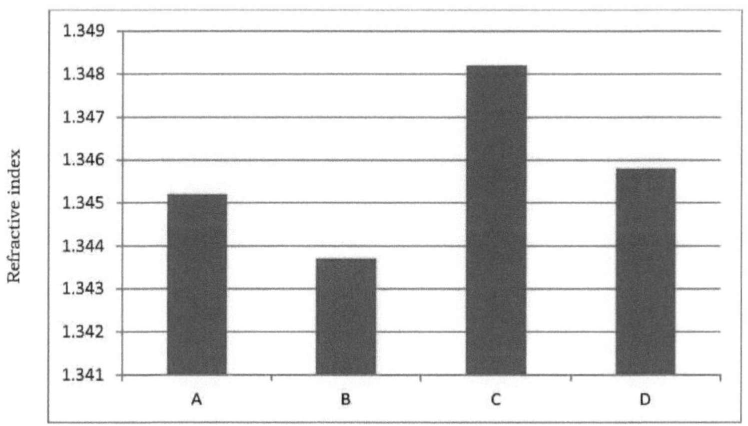

Sample

Fig. 4.6: Valores do índice de refração em relação às amostras

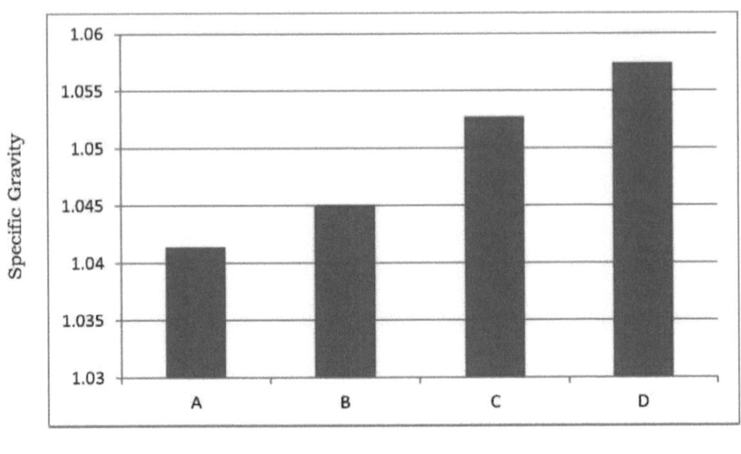

Sample

Fig. 4.7: Valores de gravidade específica (SG) em relação às amostras

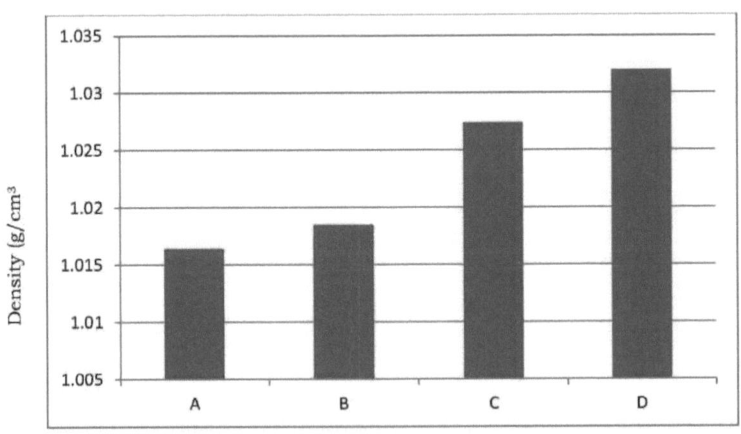

Sample

Fig. 4.8: Valores de densidade em relação às amostras

4.2 Discussão

Os resultados globais desta investigação, realizada sobre as propriedades físico-químicas do sumo de fruta, são apresentados na tabela 4.1.

4.2.1 pH.

O pH da amostra selecionada varia entre 2,55±0,02 e 3,22±0,01, tendo a amostra D (Ribena) o pH mais baixo e a amostra B (5-alive active) o pH mais elevado.

Este trabalho confirmou claramente que as amostras investigadas (sumos de fruta) são ácidas. No entanto, não criam acidez no corpo (fazem exatamente o oposto e contribuem para um ambiente alcalino), ou seja, promovem um pH alcalino Jendottir et al., (2006). O nosso problema é mais o facto de não ingerirmos alimentos alcalinos suficientes. A maioria de nós nunca considera o equilíbrio ácido/alcalino do nosso corpo. Um pH equilibrado protege-nos de dentro para fora. Doenças e desordens não podem criar raízes num corpo cujo pH é equilibrado. É um desequilíbrio de acidez e alcalinidade que permite organismos insalubres e compromete o sistema imunitário (De acordo com o Dr. Axe (2014), a comida é medicina). Por conseguinte, os resultados das amostras investigadas indicam que podem funcionar

como "alimentos alcalinos".

No entanto, podem provocar a erosão do esmalte dentário (Darby, 1982) miller, (1907) e Jendottir et al., (2006).

4.2.2 Condutividade

Os valores de condutividade das amostras variam de 588,7±1,7 (µs/cm) para a amostra D(Ribena) a 1441,0±72,3 (µs/cm) para a amostra C(Chivita). Isto indica que a Chivita contém mais electrólitos do que as outras amostras (Ejeh, 2015).

4.2.3 Brix

O valor Brix das amostras varia entre 7,330±0,05 para a amostra B (5-alive) e 10,08±0,083 para a amostra C (Chivita). Indicando que o teor de Brix da Chivita é superior ao das outras amostras. O que também implica um melhor sabor e valor nutritivo.

4.2.4 Sólido total dissolvido (TDS)

O valor total de sólidos dissolvidos das amostras varia de 574,0±6,7 mg/l para a amostra D(Ribena) a 1778,0±59,7 mg/l para a amostra C(Chivita). O que indica que a quantidade total de sólidos (substâncias) dissolvidos na amostra C(Chivita) em miligrama por litro é

mais elevada do que as outras amostras.

4.2.5 Salinidade

Os valores de salinidade variam entre 0,030 para a amostra D(Ribene) e 0,1% para a amostra C(Chivita), o que indica a percentagem em massa dos sais dissolvidos (sacarose, se não for o teor de sal). Isto mostra que a percentagem da amostra C(Chivita) é superior à das outras amostras investigadas.

4.2.6 Índice de refração (RI)

Os valores do IR variam de 1,34370±0,00018 para a amostra B(5alive) a 1,348200±0,00018 para a amostra C(Chivita). O que indica que o índice de refração da amostra C(Chivita) é mais elevado do que o das outras amostras, o que implica que o Brix e a condutividade da amostra C também serão mais elevados do que os das outras amostras (A,B e D) e terão o mesmo desempenho em termos de qualidade (valor).

4.2.7 Gravidade específica (SG)

Os valores de S.G. variam entre 1,04140±0,00004 para a amostra A (Chi-exotic) e 1,05740±0,00000 para a amostra D (Ribena), sendo a amostra D a mais elevada, o que significa que tem uma concentração mais elevada do que as outras amostras.

4.2.8 Densidade (D)

Os valores da densidade variam entre 1,01640±0,00004 para a amostra

A(Chi-exotic para 1,03200±0,00000 para a amostra D(Ribena).

CAPÍTULO 5

5.0 CONCLUSÕES E RECOMENDAÇÕES

5.1 Conclusão

Este trabalho de investigação confirmou claramente que os níveis de pH de todas as amostras investigadas eram ácidos e consistentes com a especificação padrão de pH para sumos de fruta ácidos, que é de 2,0-4,5 (Codex Stan 247-2005). Uma vez que os sumos de fruta eram todos ácidos, serão mais resistentes à deterioração bacteriana (Richard, 2006), sendo a amostra D (Ribena) muito mais resistente. Mas têm um potencial significativo de erosão dentária (Busch, 2015).

Os resultados das amostras analisadas para Brix, condutividade, TDS, salinidade e índice de refração mostraram que a amostra C (Chivita) é de melhor qualidade (valor nutricional) e consistente com a especificação padrão mínima de Brix de 10º Brix para sumos e néctares de fruta reconstituídos, enumerada nas normas gerais do Codex para sumos e néctares de fruta (Codex Stan 247-2005).

5.2 Recomendações

(i) As agências reguladoras no controlo da qualidade dos alimentos devem adaptar e encorajar a utilização das técnicas empregues neste trabalho de investigação na verificação ou monitorização da qualidade dos sumos de fruta comerciais (uma vez que os parâmetros medidos foram consistentes com as especificações padrão quando comparados).

(ii) Recomenda-se vivamente a utilização de um strew quando se consomem estes sumos de fruta para reduzir o efeito erosivo.

(iii) Os sumos de fruta são recomendados para os doentes com casos de cetoacidose diabética.

(iv) A amostra C (Chivita) é geralmente recomendada para consumidores que procuram alta qualidade, mas não é recomendada para pacientes ou pessoas com diabetes tipo 1 ou hiperglicemia, mas é boa para quem sofre de hipoglicemia. (http://www.mayoclinic.org/diseases.conditions/diabeticketo acidosis/basics/symptoms/con-20026470).

(v) As amostras A, B e D (Chi-exotic, 5-alive e Ribena) podem ser consumidas com moderação (não em excesso) e não regularmente por pessoas com diabetes. O sumo de fruta tem alguns benefícios para as pessoas com diabetes, apesar do elevado teor de açúcar, é uma boa fonte de nutrientes como a vitamina C (que é um antioxidante muito útil). (http:/www.diabetes.co.uk/food/juice-and diabetes.html) (ou getfit nutrition).

(vi) É benéfico consumir diariamente frutas ou sumos de frutas com baixo teor de ácido para evitar uma dieta desequilibrada que pode resultar em acidose (acidalkalinediet.com.nutrition.getfit.com).

(vii) Na determinação do Brix, deve utilizar-se um refratómetro digital para evitar erros de julgamento humano.

(viii) Recomendo que, para estudos futuros, se aceda a mais propriedades físico-químicas do sumo de fruta, por exemplo, acidez titulável, quantidade de minerais/vitaminas presentes, viscosidade, glucose, etc.

REFERÊNCIAS

Arthey, R. e Arthurst, P.R. (1996): Processamento de alimentos. Blackie Academic and professional. Grã-Bretanha, St. Edmundsburg Press Ltd.

Aubri, J. (2015): Como neutralizar o ácido no corpo humano

Basker, (2016): Determinação da gravidade específica e concentração de conetração de sumo de fruta e outras soluções concentradas viscosas.

Brian, A.F., Allan, G.C., (1978): Food Science, A Chemical Approach. The Chancer Press Ltd, Grã-Bretanha, pp 76-82.

Brix-wikipedia, a enciclopédia livre

Bruso, (2011): pH dos sumos de maçã, laranja, uva e arando

Convington, A.K; Bates, R.G; Durst, R.A., (1985): "Determinação de escalas de pH, valor de referência padrão, medição de pH e terminologia relacionada". Pure Appl.Chem.57:531-542.

Costescu, *et al.* (2006): Journal of Agroalimentary Processes and Technologies volume XII.

Digirolamo, M. (1994). Diet and Cancer: markers, prevention and treatment. Planum Press, Nova Iorque, pp. 203.

Emeka, E.I. (2014): Princípios essenciais da física (Nova edição), Enic education consultants and publishers, Nigéria

FAO,(2000)b:Normas (http://www.unece.org/trade/agr/welcome.htm.

Franke, A.A., Cooney, Henning e Custer, (2005): Bioavailability and Antioxicant effects of orange juice components in Humans J. Agric Food Chem; 53(13):5170-5178.

Frederick, (2014): "Polarimetria, Sacarimetria e os açúcares. Tabela 114: Brix, densidade aparente, gravidade específica aparente e gramas de sacarose por 100 ml de soluções de açúcar" PDF National Bureau of standards.

George e Palmoma M.D. (2007): Alimentos saudáveis san franciseco os henares, Madrid, Espanha.

Glace, B.W. (2002): Food Intake and Electrolyte Status, Nova Iorque, EUA

Gray, J.R. (2004): "Conductivity Analyzers and their application". Em down, R.D.; Lehr, J.H. Environmental Instrumentation and Analysis Handbook Wiley pp.491-510.

Growu, A. (2000): "Understanding food, principles and preparation" Wadsworth, Thomas por tratamentos fisicos não térmicos. Food Rachnol. 5:(6) 66-69.

Gunnars, (2016): Nutrição de Autoridade uma abordagem baseada em evidências.

(http://authoritynutrition.com/author/kris/)

Hasler, C.M. (1998): Functional Foods: Their Role in disease prevention and health hazard analysis and critical control point (HACCP) system.

Hass, V. (1960): Processamento e comercialização de alimentos

Henriette, (2008): Fractinação do extrato de sumo de maçã enriquecido com polifenóis para identificar constituintes com potencial quimiopreventivo do cancro. Molecular nutrion and food research, suplemento; Natural products and diet any prevention of cancer volume 52.

https://emm.wikipedia.org/wiki/specific-gravity

http: / /healthyeating.sfgate.com/pH-levels-apple-orange-crambery-fruit-juices-12062.html

https://emm.wikipedia.org/wiki/Brix

http://www.livestrong.com/article/154113-symptoms-that -o-corpo-é-demasiado-alcalino

http://listscoop.com /wp-content/uploads/2014/09/6Healthy-Comerplata.jpg

http://www.mayoclinic.org/diseases-conditions/type-2-diabetes/diagnóstico-tratamento/tratamento/diagnóstico-treatment/treament/txc-20169988.

"Icumsa methods book" op.cit. Especificações e normas SPS-4. Densimetria e tabelas: sacarose-oficial; glicose, frutose e açúcares invertidos-oficial.

"Icumsa methods book" op.cit. Especificações e normas SPS-3. Refratometria e tabelas - oficial; Quadro A-F.

"ICUMSF, (2010): Comissão Internacional de Especificações Microbiológicas para os Alimentos. Micoorganisms in Foods 6: Microbial Ecology of Food Commodities. 2nd edition. Springer science+Business media USA.

Sítio Web da Ifu (http√www.ifu-fruitjuice.com)

John, M. Berardi, *et al*; (2008) "Journal of the international society of sports Nutrition". Suplemento alimentar à base de plantas aumenta o pH urinário.

Kris-Etherton, *et al.* (2002). Bioactive components in foods: their role in the prevention of cardiovascular disease and cancer American Journal ofMedicine, 133 suppl 913.715-885

Teste de laboratório online: Acidiose e alcalose

Manay, N.S. e Shadaksharaswamy, (2001): "Properties of food", Food: Factos e princípios, New Age International Ltd

Michaud, J.P. (2002): A citizen's guide to understanding and monitoring lakes and streams (Um guia do cidadão para compreender e monitorizar lagos e cursos de água). Publ. #94-149 Washington state JC part. Of Ecology, Publications office, Olympia, W.A. USA (360) 407-7472.

Myles, S. F. Dennison B.A., Edmunds L.S. e Stratton (2006). "A ingestão de sumo de fruta prevê um aumento do ganho de adiposidade em crianças de famílias com baixos rendimentos; estado do peso por interação ambiental" América académica.

Okaka, J.C. (2009): Handling, Storage and Processing of plant food (2nd edition) Ocj Academic publishers Enugu, Nigeria.

Oni, A.A. *et al.* (2007): Manual de Física Experimental para estudantes universitários, Annesc ventures, Nigéria

Parish, M.E. (1997): "Health and non-pasteurized fruit juice" (Saúde e sumos de fruta não pasteurizados).

Powel, D. e Laudtke A. (2000): Fait sheet. Uma cronologia dos surtos de sumos frescos

Prevenir doenças: Equilíbrio ácido e alcalino

Sackmann, I. (2014): Determinação do índice de refração de sumos de fruta 201401-publicação.

Sistrunk, Gravani, Scoh e Pritts, (2000) "Food safety".

Somogyi, L.P. Ramaswanny H.S. e Hui Y.H. (1996) Processing fruits science and Technology Vol. 1.

Walker e Andrea, (2009): "Ask and academic orange juice". The New Yorker.

www.misco.com/beer

Young e Freedman, (2008): Física universitária, (12th edição). América: Pearson.pp456.

Yur, L. (1968): Physicochemical Analysis (Edição revista) Mir Publishers. Moscovo (pp 432).

APÊNDICES

Quadro 4.2: pH DAS AMOSTRAS

		Readings			
Sample	**1st**	**2nd**	**3rd**	**mean**	**S.E**
A	3.14	3.16	3.15	3.15	0.01
B	3.23	3.22	3.21	3.22	0.01
C	3.13	3.14	3.13	3.13	0.11
D	2.58	2.54	2.53	2.55	0.02

Tabela 4.3: Condutividade das amostras (µs⁄cm)

	Conductivity readings (µs/cm)				
Sample	**1st**	**2nd**	**3rd**	**Mean**	**S.E.**
A	1016	1016	1021	1018.0	1.7
B	1087	1091	1083	1087.0	2.3
C	1585	1367	1370	1441.0	72.3
D	592	587	587	588.7	1.7

Tabela 4.4: Sólidos totais dissolvidos (TDS) das amostras (mg⁄l)

		Total Dissolved solids			
Sample	**1st**	**2nd**	**3rd**	**Mean**	**S.E.**
A	1038	1023	1020	1023.7	2.5
B	1055	1155	1154	1154.7	0.3
C	1844	1659	1831	1778.0	59.7
D	587	565	570	574.0	6.7

Tabela 4.6: Salinidade das amostras (%)

		Salinity			
Sample	**1st**	**2nd**	**3rd**	**Mean**	**S.E.**
A	0.09	0.08	0.08	0.83	0.003
B	0.07	0.07	0.06	0.066	0.004
C	0.10	0.10	0.10	0.100	0.000
D	0.03	0.03	0.03	0.030	0.000

Tabela 4.7: Brix das amostras (° Bx)

Brix Readings					
Sample	**1st**	**2nd**	**3rd**	**Mean**	**S.E.**
A	8.25	8.25	8.50	8.50	0.102
B	7.25	7.25	7.50	7.330	0.057
C	10	10	10.25	10.080	0.083
D	8.75	8.75	8.50	8.670	0.835

Tabela 4.8: Índice de refração das amostras

Refractive Index Readings					
Sample	**1st**	**2nd**	**3rd**	**Mean**	**S.E.**
A	1.3450	1.3450	1.3455	1.34520	0.00018
B	1.3435	1.3435	1.3440	1.34370	0.00018
C	1.3480	1.3480	1.3485	1.34820	0.00018
D	1.3460	1.3460	1.3455	1.34580	0.00018

Quadro 4.9: Massa das amostras (g)

	Mass of empty bottle + juice sample (g)			**Mass of juice sample (g)**			
Samples	**1st**	**2nd**	**3rd**	**1st**	**2nd**	**3rd**	**Mean**
A	78.822	78.823	78.819	50.822	50.822	50.822	50.822
B	78.926	78.925	78.925	50.926	50.925	50.925	50.925
C	79.374	79.374	79.374	51.374	51.374	51.374	51.374
D	79.604	79.604	79.604	51.604	51.604	51.604	51.604

Tabela 4.10: Gravidade específica das amostras

Specific Gravity Values					
Sample	**1st**	**2nd**	**3rd**	**Mean**	**S.E.** $\left(\frac{\sigma}{\sqrt{n}}\right)$
A	1.0414	1.0414	1.0413	1.04140	0.00004
B	1.0435	1.0435	1.0435	1.04350	0.00000
C	1.0527	1.0527	1.0527	1.05270	0.00000
D	1.0574	1.0574	1.0574	1.05740	0.00000

Tabela 4.11: Densidade das amostras (d) *(g⁄cm)³*

	Density values (g/cm^3)				
Sample	**1st**	**2nd**	**3rd**	**Mean**	**S.E.**
A	1.0164	1.0164	1.0163	1.01640	0.00004
B	1.0185	1.0185	1.0185	1.01850	0.00000
C	1.0274	1.0274	1.0274	1.02740	0.00000
D	1.0320	1.0320	1.0320	1.03200	0.00000

Printed by Books on Demand GmbH, Norderstedt / Germany